SHUIYUANDI BAOHU
ZHISHI SHOUCE

水源地保护知识手册

《生态文明宣传手册》编委会 编

中国环境出版集团·北京

图书在版编目（CIP）数据

水源地保护知识手册 / 《生态文明宣传手册》编委会编. -- 北京：中国环境出版集团, 2018.4（2020.5重印）

ISBN 978-7-5111-3632-9

Ⅰ. ①水… Ⅱ. ①生… Ⅲ. ①城市用水－水源保护－手册 Ⅳ. ①TU991.2-62②X52-62

中国版本图书馆CIP数据核字(2018)第075765号

出 版 人　武德凯
责任编辑　赵惠芬
责任校对　任　丽
装帧设计　彭　杉

出版发行　中国环境出版集团
（100062 北京市东城区广渠门内大街16号）
网　　址：http://www.cesp.com.cn
电子邮箱：bjgl@cesp.com.cn
联系电话：010-67112765（编辑管理部）
010-67112736（环境技术分社）
发行热线：010-67125803 010-67113405（传真）

印　　刷　北京市联华印刷厂
经　　销　各地新华书店
版　　次　2018年4月第1版
印　　次　2020年5月第3次印刷
开　　本　787×1092 1/32
印　　张　1
字　　数　30千字
定　　价　3元

目　录

什么是水源

1. 自然界的水

生命离不开水的滋养，我们的生活更离不开干净水源的供给。地球表面 71% 的面积被水覆盖，据估算地球表面水的总储量约为 1.39 亿立方米。自然界的水有咸水和淡水之分，而处于地球总水量绝对优势的海水是咸水，并不能直接饮用，而仅占总水量 3% 的淡水，也有很大一部分受到自然或人类的影响，水质和水量都达不到人们饮用的要求，如此稀少的饮用水资源却是人类赖以生存的生命之源。因此，可

以饮用的淡水资源所在地需要采取措施加以保护。那些受到保护的可饮用的水资源所处之地，被称为饮用水水源地，简称水源地。

2. 地表水源

“气蒸云梦泽”“月涌大江流”，江河湖泊等地表水不但与人们的生活息息相关，也是诗人抒发情怀的源泉。地表水是地球表面动态水和静态水的总称，其主要由河流、湖泊、沼泽、冰川、冰盖等构成，占全球水总储量的1.75%。我国对可以饮用的地表水源有专门规定，地表水源应为开采期间具有较为充沛水量，长年不断流的水体。水资源缺乏地区应考虑季节性供水，有断流现象的河流，不适合做为水源；有冰封现象的河道，应掌握冰封期最低水位及冰封层最大厚度，将取水口设于冰层以下。不同类型的地表水水源地的位置有特殊规定。河流型饮用水水源一般设置在居住区上游，尤其需要避开回流区、死水区、航运河道或咸潮，因为这些区域的水质很难保证长期稳定达到饮用水标准。湖库型饮用水水源的设置一般需考虑尽量避开湖库的泥沙淤积和蓝藻“水华”。

3. 地下水源

我国地下水开采的历史悠久，古文献记载和近年来考古发掘资料证明，我们的祖先早在六七千年前的原始社会就已经开发利用地下水了。地下水水源是指处于地表以下，含水层较厚、水量丰富、补给充足且调节能力较强的区域。按规定，在基岩区，地下水源应选择集水条件较好的区域性阻水界面的上游。在松散地层分布区，应选择靠近补给地下水的河流岸边；在岩溶区，应选择在区域地下径流的排泄区附近；山丘区和高原台地应选择沟谷汇流区或主要沟谷河川区。此外，地下水超采区不是合适的地下水源地。

4. 集中式饮用水水源

按照《饮用水水源保护区划分技术规范》（HJ 338—2018）（以下简称规范），集中式饮用水水源是指进入输水管网送到用户和具有一定取水规模（供水人口一般大于1 000 人）的在用、备用和规划水源地。采用集中供水的方式有利于水源的卫生防护，要求集中取水、净化、消毒和严密的配水管网输水过程中水质全程不受任何污染。但相对而言，集中式水源一经污染，将可能造成大面积的中毒与传染病蔓延风险，容易引发群体性恐慌，因此集中式水源防护和风险防控工作尤为重要。

此外，经济比较发达地的农村人口密集区常有超过1 000 人的供水需求，通常也会采用集中式供水。截至2016 年年底，中国农村集中供水率达到 84%，自来水普及率达到 79%。我国政府现行的农村饮水安全巩固提升工程目标是，到 2020 年我国农村集中供水率达到 85% 以上，自来水普及率达到 70% 以上。

5. 分散式水源

与集中式水源不同，分散式水源是提供给分散居户可直接获取的、且无任何设施或仅有简单设施的供水，其用水人口规模一般小于 1 000 人，分散式水源地包括现用、备用和规划饮用水水源地三种形式，又可分为联村、联片、单村、联户或单户等形式。由于我国经济发展不均衡，因此农村在很长一段时间都采用这种用水方式。20 世纪 90 年代，解决农村饮用水困难问题正式纳入国家重大规划，其后十几年的时间我国基本实现了从“喝水难”到“喝上水”的目标。2005—2015 年，我国农村长期存在的饮水不安全问题基本得到解决，实现了从“喝上水”到“喝好水”的转变。

水源污染的成因

1. 工业发展与水源污染

随着我国工业的快速发展，大量工业废水排入河流、湖泊等天然水体。然而，由于环境保护认识缺乏以及监控不到位，企业的超量、违法排放已造成我国水体普遍存在污染。水源的污染使中国成为一个严重缺少饮用水的国家，海河、辽河、淮河、松花江、黄河、长江和珠江七大江河水系均受到不同程度的污染。被污染

后的水源，水量再大也不适宜饮用。如珠江三角洲是个水网密集的区域，可是由于工业污染，江河之水无法正常饮用，正常生活用水面临危机。

2. 农业发展与水源污染

现代农业生产需要使用大量的化肥、农药来保证粮食和作物生长中养分充足并免受病虫害，从而获得较高的产量。然而，它们的残余物质会随着蒸发和降水等自然过程进入水体，不断造成地表水和地下水污染。

3. 居民生活与水源污染

居民生活垃圾是继工业、农业之外的第三大水体污染类型。生活垃圾是有机物、重金属和病原微生物“三位一体”的污染源，其内部所含的有害物质流入周围地表水体会造成水体黑臭等污染。在农村地区，由于局部地区无条件采取集中式供水，因此仍保有一定数量设施简陋的分散式水源，而生活垃圾更容易直接污染水源，因此应引起特别重视。

集中式饮用水水源地的分区标准与监管要求

1. 水源地保护的分区标准

按规定，饮用水水源（包括备用的和规划的）所在地应设置饮用水水源保护区。饮用水水源保护区一般包括一级保护区和二级保护区，符合条件的需要增设准保护区，分区对水质有具体标准要求。其中，

饮用水地表水源一级保护区的水质基本项目限值要求不得低于《地表水环境质量标准》（GB 3838—2002）的Ⅱ类标准，并且补充项目和特定检测项目需满足《地表水环境质量标准》表2和表3限值。二级保护区的水质基本项目

限值要求不得低于《地表水环境质量标准》的Ⅲ类标准，并且流入一级保护区的水质要求满足一级保护区水质标准。准保护区内的水质要求满足流入二级保护区的水质标准。集中式饮用水地下水源保护区（包括一级、二级）水质各项指标要求不低于《地表水环境质量标准》（GB/T 14848—2017）的Ⅲ类水水质标准。

2. 一级保护区的监管要求

一级保护区距离饮用水源最近，执行监管要求最高。其中，对于地表水型饮用水水源地，禁止新建、改建、扩建向水体排放污染物的建设项目，已建成的排放污染物的建设项目，由县级以上人民政府责令拆除或者关闭；从事网箱养殖、旅游活动的应当按照规定采取措施，

防止污染饮用水水体；禁止设立装卸垃圾、粪便、油类和有毒物品的码头。地下水型饮用水水源地禁止建设与取水设施无关的建筑物；禁止从事农牧业活动；禁止倾倒、堆放工业

废渣及城市垃圾、粪便和其他有害废弃物；禁止输送污水的渠道、管道及输油管通过本区；禁止建设油库；禁止建设墓地。

3. 二级保护区的监管要求

二级保护区在一级保护区的周边，监管要求仅次于一级保护区。地表水型饮用水水源地，禁止新建、改建、扩建向水体排放污染物的建设项目，已建成的排放污染物的建设项目，由县级以上人民政府责令拆除或者关闭；从事网箱养殖、旅游活动的应当按照规定采取措施，防止污染饮用水水体；禁止设立装卸垃圾、粪便、油类和有毒物品的码头。地下水型饮用水水源地禁止建设化工、电镀、皮革、造纸、制浆、冶炼、放射性、印染、染料、食品、炼焦、炼油及其他有严重污染的企业，已建成的应限期转产或搬迁；禁止设置城市垃圾、粪便和易溶、有毒、有害废弃物堆放场和转运站，已有的上述场站要限期搬迁；禁止利用未经净化的污水灌溉农田。化工原料、矿物油类及有毒有害矿产品的堆放场所必须有防雨、防渗措施。

4. 准保护区的监管要求

准保护区的监管要求在三类保护区中最低，地表水型饮用水水源地禁止准保护区内新建、扩建对水体污染严重的建设项目，改建建设项目不得新增排污量；直接或间接向水域排放废水，必须符合国家及地方规定的废水排放标准，当排放总量不能保证保护区内水质满足规定的标准时，必须削减排污负荷。地下水型饮用水水源禁止建设城市垃圾、粪便和易溶、有毒有害废弃物的存放场站，因特殊需要设立转运站的，必须经有关部门批准，并采取防渗漏措施。保护水源涵养林，禁止毁林开荒，禁止非更新砍伐水源涵养林。

集中式饮用水水源地污染风险防控

1. 地表水水源地的风险防范

饮用水水源周边工业企业按照要求，需定期对固定风险源重点环节进行自查，并编制风险防范应急预案，开展演练活动。环保部门应定期对工业企业固定风险源重点环节排查、建档，并严格按照相应的应急管理指南对特殊风险单位开展风险排查和防范工作。

环保、公安、交通和海事等部门应根据职责，加强和督责流动风险源管理，并落实专业运输车辆、船舶和运输人员的资质要求和应急培训。危险品运输工具要求安装卫星定位装置，采取相应的安全防护措施，并配备必要的防护用品和应急救援器材，以及严禁非法倾倒污染物。综合治理农业面源污染，限制养殖规模，提高种植、养殖的集约化经营和污染防治水平，减少含磷洗涤剂、农药、化肥的使用量。

2. 地下水水源地的风险防范

地下水型饮用水水源风险防范重在控制污染源，从源头预防污染。对工业生产和矿业开发，要求严格执行环保“三同时”制度。对生产工艺和治污设施，以及生产过程的污染物、有毒有害物质储罐、油罐、地下油库和其输送管道、危险化学品运输、尾矿库，要求进行相应监管、完善风险应对措施。

同时，要加强生活污水和垃圾的收集和集中处理处置，通过减少杀虫剂、氮肥施用，防止多余氮素通过土壤污染地下水。农业种植需要科学引导。再生水回用要求严格遵照标准执行，特别注意回用过程中的地下水污染。此外，还要做好海（咸）水入侵风险防范，严格禁止超量开采地下水，并通过监测开采水量，完善地下水开采监督检查机制。

3. 水源地的风险应急管理

为防止水源地出现突发性污染，水源地保护中要求实施风险应急管理。在一些重要的集中污水处理设施排口、废水总排口及与水源连接的水体设立预警断面（井），适当增加预警监测指标，监控有毒有害物质。地下水型饮用水水源要求设置污染控制监测井，分别从地下水水源环境监测网络、供排水格局、饮用水水源风险评估机制和风险源发生泄漏事故或不正常排污对水源安全风险评估、应急规划建设和水质深度处理等方面，科学开展工作。

建立风险源目标化档案管理模式，严格执行水源保护区建设项目准入制度，完善建设项目风险防范措施。对输送管线等特殊设施，要求编制专项应急预案。进入水源保护区的运输危险化学品的车辆应申请并经有关部门批准、登记，同时设置防渗、防溢、防漏等设施。此外，还要求制定应急预案，并在预案中明确救援队伍、应急物质和专家技术支持等内容。

4. 特殊时期的水源风险防范措施

针对突发性自然灾害可能对集中式水源地的影响，水源地保护中要求制定特殊时期的水源风险防范措施。在发生地震、汛期、旱期、雨雪冰冻等特殊时期，对水源的风险防范有更加严格谨慎的要求。例如，加强水源巡查和保护的宣传，对水源周边重点污染源进行全面的排查，重点防范特殊时期企业的违法偷排以及增加水源监测频次等。

5. 水源地污染的应急响应

水源地污染的应急响应就是针对编制饮用水水源地应急预案体系，实施多部门联动，通过形成多区域间信息共享的跨界合作机制，及时对水源地污染采取行动，共同确保水源安全。地方政府应将水源地突发事件应急准备金纳入地方财政预算，并提供一定的物资装备和技术保障。对环保部门，要求多渠道收集影响或可能影响水源的突发事件信息，及时进行报告。一旦遇到突发事件，要求各部门在政府的统一指挥下，相互配合完成应急工作，及时启动应急监测，切断污染源头，控制污染水体。此外，应第一时间发布突发事件最新进展，可有效处理营造稳定的外部环境。

集中式饮用水水源地的污染防治措施

1. 水源地污染的分级防治

按照《水污染防治法》有关要求，集中式饮用水水源地污染采用分级式防治。对一级保护区，要求内部不得有与取水设施和保护水源无关的建设项目，实行建筑物清拆、排污口关闭、人口搬迁、规模化畜禽养殖场和集约化农作物种植及垃圾堆放场搬迁等治理措施，开展围栏、围网，种植生态防护林。同时，应根据《饮用水水源保护区技术要求》（HJ/T 433—2008），建设水源保护区标志以及取水口污染防治设施等。对二级保护区，要求按照近期清拆违规污染源、远期预防的原则进行整治，禁止新建、改建和扩建排放污染物的建设项目，对已建成排放污染物的建设项目，由县级以上人民政府责令拆除或关闭。针对非点源污染防治工程应坚持系统、循环、平衡的生态学原则，与生态修复工程相结合，着重从源头控制污染负荷，进一步保障水质。准保护区禁止在饮用水水源准保护区内新建、扩建对水体污染严重的建设项目；改建建设项目，不得增加排污量。

2. 水源地污染的分类防治

按照《水污染防治法》有关要求，集中式饮用水水源地污染也要采用分类防治的方式。各种类型的水源地污染有不同的防治措施。

对河流型饮用水水源污染防治，应注重全流域性综合防控，通过从全流域尺度保护水源，保障保护区上游水质达标。要求严格限制天然排污沟渠间接在水源上游排污；取缔保护区内排污口和违法建设项目；禁止或限制航运、水上娱乐设施、公路铁路等流动污染源；逐步控制农业污染源，发展有机农业；底泥清淤，建设生态堤坝，以及建设人工湿地和生态浮岛。

对湖库型饮用水水源污染防治，要求对蓝藻“水华”控制，严格控制入湖（库）河流水质，实现清水入湖；根据“水华”特征，科学实施氮磷总量控制；提倡沿湖（库）农田开展测土配方施肥；制定藻类“水华”暴发应急预案，采用藻水分离技术，开展高效机械打捞，以及开展藻类的资源化利用。

对地下水型饮用水水源污染防治，要求重点围绕地下水污染源、污染途径等开展工作。主要措施包括：取缔通过渗井、渗坑或岩溶通道等渠道排放污染物；取缔利用坑、池、沟渠等洼地存积废水；改造化粪池及农村厕所，建设防渗设施；取缔污水灌溉，控制农田过度施肥施药；取缔保护区内鱼塘养殖、人工筑塘，防止受污染地表水体污染傍河地下水型水源；建设控制、阻隔措施，防止受污染的地下水影响下游水源；针对不同的污染物类型，采用绿色的地下水环境修复技术。

3. 不同类型污染源的整治措施

对工业污染源，实施最严格的整治措施。一级保护区内，坚决关闭和取缔工业污染源，拆除所有违法建设项目，关闭和取缔勘探、开采矿产资源、堆放工业固体废弃物及其他有毒、有害物品。二级保护区内，关闭和取缔排放污染物的工业污染源，对于已经存在的工业污染源，由地方政府制订计划，分期拆除或者关闭。

对农业污染源，要求在饮用水水源保护区内禁止开展规模化和专业户畜禽养殖。对保护区外可能产生水源影响的畜禽养殖应参照已有《畜禽养殖业污染防治技术规范》等地方性技术规范，采取相应的污染防治措施，鼓励种养结合和生态养殖，并推动畜禽养殖业污染物的减量化、无害化和资源化处置。

对农村生活污水，要求在饮用水水源保护区内不得修建渗水的厕所、化粪池和渗水坑。对保护区外，要求按照《农村生活污染防治技术政策》（环发〔2010〕20号），以生活污水排放现状与特点、农村区域经济与社会条件为基础，尽可能依托当地资源优势和已建的环境基础设施，采取操作简便、运行维护费用低、辐射带动范围广的污水处理模式。

对农村固体废物，禁止在饮用水水源保护区内设立粪便、生活垃圾的收集、转运站，禁止堆放医疗垃圾，禁止设立有毒、有害化学物品仓库。

对饮用水水源保护区内厕所，要求达到国家卫生厕所标准，并与饮用水水源保持必要的安全卫生距离。在保护区外，要求粪便实现无害化处理，防止污染水源，对无害化卫生厕所的粪便无害化处理效果进行抽样检测，粪大肠菌、蛔虫卵应符合现行国家标准《粪便无害化卫生标准》（GB 7959）的规定。

4. 水源地环境保护专项行动

为贯彻落实习近平总书记关于长江经济带“共抓大保护，不搞大开发”的战略部署，自2016年5月开始，环境保护部在长江经济带范围内组织开展饮用水水源地环境保护执法专项行动，以解决人民群众饮水安全的突出环境问题为导向，督促长江经济带11省（市）126个地市共排查319个地级以上集中式饮用水水源地，累计排查上报环境违法问题490个。截至2017年6月底，按照“一个水源地、一套整治方案、一抓到底”的原则，各地报告已完成清理整治379个，占问题总数的77.3%。

2018年3月，经国务院同意，环境保护部联合水利部印发了《全国集中式饮用水水源地环境保护专项行动方案》。该方案指出，近年来，我国饮用水水源地环境保护工作取得积极进展，但保护形势依然严峻，一些地区饮用水水源保护区划定不清、边界不明、违法问题多见，环境风险隐患突出。各省（区、市）人民政府要按照方案要求，全面推进集中式饮用水水源地环境保护排查整治任务。根据专项行动部署，今后 9 个月内，长江经济带 11 省市要完成县级及以上城市水源地环保专项整治，全国其他地区则要完成地级及以上城市水源地环保专项整治。2019 年年底前所有县级及以上城市完成整治任务。根据各地生态环保部门初步统计，列入此次专项行动范围的地表水型水源地达 2 466 个。其中，长江经济带县级水源地 1 161 个；其他省份及新疆生产建设兵团地级和县级水源地分别有 436 个和 869 个。尤其是在一些省份，相关水源地超过 100 个，排查整治任务十分艰巨。

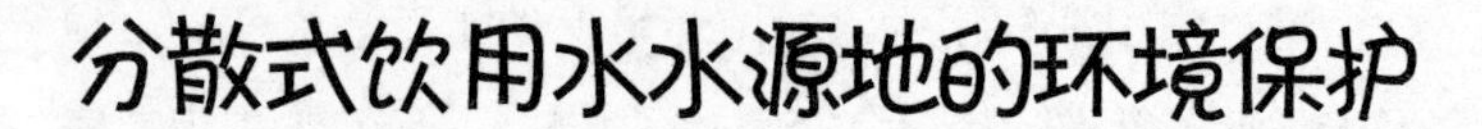

分散式饮用水水源地的环境保护

1.水源地选址和建设

分散式水源地的选址和建设是保证经济落后地区小规模农户用水安全的重要环节。水源地选址要求在现有水源水质、污染源等环境状况调查的基础上，按照是否水量充足、水质良好、取水便捷、潜在风险低等条件进行选择。当现有水源供水量或供水水质不满足需求的情况下，可选择新的饮用水水源地。井水、泉水、河流、水库、湖泊型的新水源地选择按照饮用水质的安全性、饮用水量的充足性和输送水的便捷性，采取不同的选择优先序。

水源地的建设可分为地表水水源地建设和地下水水源地建设两种类型。地表水水源地建设，要求河流、湖库型水源的取水点尽量靠近河流中泓线、湖库中心或距离河岸、湖边较远的区域。地下水水源地建设，要求地下水井有井台、井栏和井盖等设施，并采取联村、联片或单村取水，井水周围应设立隔离防护设施或标志等措施。

2. 分散式水源地污染防治

分散式水源地一般设置在离农村居民生活较近区域，尤其要注重通过合理处置生活垃圾等措施，实现分散式水源地的污染防治。

对分散处理的生活污水，应将农村污水按照分区进行污水管网建设并收集，以稍大的村庄或邻近村庄的联合为宜，每个区域污水单独处理。

农药污染防治应在饮用水水源地保护范围内发展有机农业，采取适当农艺技术并辅以生物及物理措施，以防止病虫害的发生。在生产中应尽量选用被土壤吸附力强、降解快、半衰期短的低毒和生物农药。

化肥污染防治应在饮用水水源地保护范围内采用测土配方施肥、优化施肥方案等方式确定化肥合理用量。在保护范围内，推荐发展有机农业，以有效减少农用化学物质对水源的污染风险。建设生态缓冲带，通过缓冲带植物的吸附和分解作用，拦截农田氮磷等营养物质进入水源。

在饮用水水源地保护区内，禁止发展畜禽养殖业。在保护范围外，鼓励种养结合和生态养殖，推动畜禽养殖业污染物的减量化、无害化和资源化处置。畜禽养殖圈舍应尽量远离取水口，并采取配备粪便、污水污染防治设施等措施。

禁止在水源保护范围内新建、改建、扩建排放污染物的工业建设项目，已建成排放污染物的建设项目，应依法予以拆除或关闭。在水源保护范围周边，工业企业发展要与新农村建设、乡村振兴战略相结合，并采取合理布局，限制发展高污染工业企业等措施。

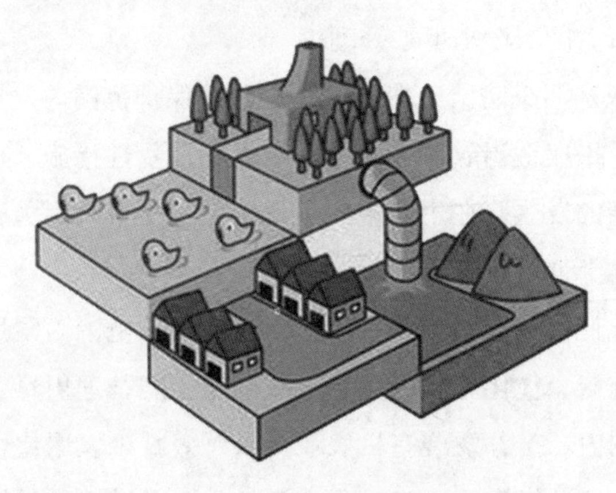

3. 分散式水源地环境管理

由于分散式水源常出现在集中式供水难以达到的地区如农村地区和郊区城乡结合部，因此应结合当地实际情况，因地制宜地建立健全分散式饮用水水源地环境管理机制，以保证周边居民用水安全。联村供水的经营单位要求设立专人负责水源地环境管理，并由上级部门实施应急风险管理。

在灾害等特殊条件下，应及时启动水源地突发环境事件应急预案，对水质进行检测，一旦出现水质恶化现象应及时采取行动。如由于水源地本身的原因或者不可抗拒外力引起，应优先考虑更换水源地。当水质发生重大变化的原因为外部环境变化所致，应上报上级主管部门后采取相关措施减少或消除环境变化对水质的影响。

农村饮用水水源地的环境保护

1.农村饮用水水源地保护区的划定

农村饮用水源保护区划定是农村水源保护工作的关键环节。具体的保护范围为各乡镇辖区范围内农村饮用水源地。对供水人口在1 000人以上的集中式饮用水水源，应按照水污染防治法、水法等法律法规要求，参照《饮用水水源保护区划分技术规范》（HJ 338—2018），科学编码后划定水源保护区。对供水人口小于1 000人的饮用水水源，应参照《分散式饮用水水源地环境保护指南（试行）》，划定保护范围，设立水源保护区标志。地方各级环保、水利等部门，要按照当地政府要求，参照《饮用水水源保护区标志技术要求》《集中式饮用水水源环境保护指南（试行）》等指南，在饮用水水源保护区的边界设立明确的地理界标和明显的警示标志，加强饮用水水源地标志及隔离设施的管理维护。

2. 农村饮用水水源的污染源

农村饮用水水源地污染源具有数量多、分布广、治理难度大的特点。农村饮用水的污染源主要包括工业污染源、农业污染源和生活污染源 3 种。工业污染源主要包括乡镇企业和未取得经营权的违法违规小企业的工业废水、废渣等。农业污染源主要包括超量和不合理的农药和过量的化肥施用等。生活污染源主要包括农村建筑生活垃圾、生产生活污水、畜禽养殖废弃物、化肥农药等。

3. 农村饮水工程及保护长效机制

农村饮用水工程是国家许多重大惠民工程中最受农村居民欢迎的工程之一，是“德政工程”和“民心工程”。随着中央和地方不断加强农村饮水安全保障投入的力度，近年来农村饮水安全工作取得了重大进展。特别是2005年，作为农村饮用水安全工程最为关键一年，国务院先后批准实施《2005—2006 年农村饮水安全应急工程规划》《全国农村饮水安全工程“十一五”规划》和《全国农村饮水安全工程“十二五”规划》，已累计解决5.2亿多农村人口的饮水需求，基本解决了我国农村长期存在的饮水不安全问题，实现了农民从“喝上水”到“喝好水”的质的飞跃。

然而，饮水关乎着每个人的生活质量和身体健康，至今仍有一些农村地区并未实现饮用水安全供应，已配套供水设施的维护工作也是任重而道远，因此保证农村饮水安全必将是一项长期工程。只有建立农村饮用水水源保护的长效机制，才能真正实现农村人口长久的用水安全。为实现农村饮用水安全工程的长效可持续运行，2015年环境保护部和水利部联合发出《关于加强农村饮用水水源保护工作的指导意见》，其中明确提出要在农村地区建立农村饮水工程及水源保护长效机制，将多渠道筹集水源保护资金摆在任务的首要位置，同时提出了规范工程验收、明确供水工程及水源管护、建立健全水源巡查制度、规范开展水源及供水水质监测和检测等重要举措。